非洲猪瘟
防控关键词

FEIZHOU ZHUWEN FANGKONG GUANJIANCI

李 亮 樊福好 主编

SPM 南方出版传媒
广东科技出版社 | 全国优秀出版社
·广 州·

图书在版编目（CIP）数据

非洲猪瘟防控关键词 / 李亮，樊福好主编. —广州：广东科技出版社，2022.3

ISBN 978-7-5359-7827-1

Ⅰ. ①非… Ⅱ. ①李… ②樊… Ⅲ. ①非洲猪瘟病毒—防治 Ⅳ. ①S852.65

中国版本图书馆CIP数据核字（2022）第041550号

非洲猪瘟防控关键词
Feizhou Zhuwen Fangkong Guanjianci

出 版 人：严奉强
责任编辑：区燕宜
封面设计：柳国雄
责任校对：廖婷婷
责任印制：彭海波
出版发行：广东科技出版社
　　　　　（广州市环市东路水荫路 11 号　邮政编码：510075）
销售热线：020-37607413
http://www.gdstp.com.cn
E-mail：gdkjbw@nfcb.com.cn
经　　销：广东新华发行集团股份有限公司
排　　版：创溢文化
印　　刷：广州市东盛彩印有限公司
　　　　　（广州市增城区新塘镇太平洋工业区十路2号　邮编码：510700）
规　　格：889mm×1 194mm　1/32　印张3.375　字数140千
版　　次：2022年3月第1版
　　　　　2022年3月第1次印刷
定　　价：28.00元

如发现因印装质量问题影响阅读，请与广东科技出版社印制室
联系调换（电话：020-37607272）。

《非洲猪瘟防控关键词》
编写委员会

技术统筹： 樊福好

主　编： 李　亮　樊福好

参编人员（按姓氏拼音排序）：

晁文菊　郭建超　贺南航　李　阳

李　智　刘建营　刘新颖　饶鑫峰

向　蓉　杨润娜　杨艳芹　张小刚

李亮，畜牧师，农业农村部种猪质量监督检验测试中心（广州）业务办公室主任。

近年来从事种猪饲养生产测定、农业经济统计、市场研究与信息管理等工作。近五年撰写发明专利1项，实用新型专利5项，在全国性期刊公开发表文章20余篇。

樊福好，研究员，执业兽医师，动物疫情应急专家，农业农村部种猪质量监督检验测试中心（广州）质量负责人，兼检测室主任。

在国际首创"健康评价体系"，创立"健康度"概念，提倡用数据和指标反映机体的健康程度，量化健康、指导生产；提出"血液学"和"唾液学"应同时研究的看法，创立"唾液学"

（Salivology）概念，强调生猪养殖生产中应当通过采集唾液来检测、监测疾病和评价健康状态，避免采血造成的交叉污染与动物应激。

长期投身于动物疾病监控与生产管理一线研究，发明"唾液采集袋"，能够在不造成动物应激和交叉污染的情况下高效采集唾液；发明"样本保护液"，在采集动物样本时，能够保持样本物理、化学形态稳定，使样本能够长时间保存不变质；发明"体质检测仪"，能利用光学显色原理量化评价唾液、饲料等的功能性指标；发明"'BEST'评价法"，能利用酶的生物显色原理评价消毒药物的生物有效性；发明"纳米磁珠"，在qPCR（聚合酶链式反应）检测中可以完全替代进口同类产品，能大幅降低检测试剂盒制造成本。

提出"单元格"概念，强调在疾病防控中，要以人、物、料的移动与接触特点划分单元格，便于监控疾病和快速清除风险；提出"50循环，起跳即阳"概念，强调使用更敏感、更精准的检测方法监控疾病；提出"营养冗余"概念，强调提高猪的营养水平，提高猪的非特异性免疫力；提出"'肮度'概念"，使用科学方法定量评价猪的营养水平与饲料中的可快速利用营养。此外，还改进了"糖度"检测技术，指出机体血糖变化与猪健康、肉质的关系，制定了猪群血糖标准；还创立了"活度""寒度"等概念与检测技术，研究机体唾液酶等物质变化与健康的关系，量化了动物机体"寒凉温热"的状态，极大地促进了中医的量化发展。还创立了中医新体系，提出新五行及其量化评价、"病原分性别"等观点。

序

自2018年非洲猪瘟入侵以来，我国的养猪及相关行业遭受了重创。然而，经过两年多与病毒的不断对抗，人们总结出了一系列行之有效的非洲猪瘟防控方法，使整个大行业的氛围从一开始时的茫然、惊恐逐渐转变到目前的乐观、自信。在防控非洲猪瘟的战役中，我们以务实的态度，通过实施各种防控技术取得了阶段性的成果。

取得成果的同时要认识到：我们不是"为了消毒而消毒，为了防疫而防疫"，消毒是为了让猪健康生长远离传染源，防疫是为了保障生产、保障食品供给。种种病毒防疫措施，既要顾及人和猪的生理、心理健康，不能让人、猪和病毒"同归于尽"，也不能流于形式、自欺欺人。所以在选择消毒药、消杀方法、管理措施时，一定要紧扣科学原理的关键点，用科学实用的方法找到真正有效的消毒药物和措施，结合实际作出理性决策。此外，还要采取措施尽量提高猪的营养、福利等生产投入，提高动物的非特异性抵抗力，让生产活动能够稳定、高效、长期可持续地开展。

经验告诉我们："研究任何过程，要用全力找出它的主要矛盾，抓住了这个主要矛盾，一切问题就迎刃而解了。"非洲猪瘟的防控也是同理，抓好防控工作的关键点就抓住了主要矛盾，其他工作就迎刃而解、万事大吉了。

本书从防控措施的关键点出发，整合一些广受认可的理论、

措施与各种应用图例，覆盖防控管理措施、消毒药效力生物评价方法、猪的采样方法、核酸PCR检测原理和方法等生产重要关注点，基本做到了理论有重点、措施可操作、图例能模仿，是一本通俗易懂的手边参考书。

　　需要提醒读者注意的是，由于目前我国非洲猪瘟防控的研究和政策制定在快速发展之中，本书内容如与国家新出台相关规定有不一致的内容，以国家最新要求为准。

樊福好

2021年9月

前　言

我国养猪的历史源远流长，留存的实物证据可追溯到新石器时期。从春秋时期的猗顿到现在的养猪行业从业者，数不清的家庭通过养猪实现了家庭的致富甚至完成企业的原始积累。经过几千年的发展，我国已成为养猪数量、猪肉产量和猪肉消费量最大的国家，养猪业已经成为社会经济活动的重要组成部分。

然而，民间流传的"家财万贯，带毛的不算"又道出了养猪业的最大风险——传染病。猪瘟、猪蓝耳病、伪狂犬病、猪圆环病毒病等多种屡灭不绝的传染性疾病对养猪生产造成了巨大威胁。一旦暴露其中，如果处理不当，轻则增加医疗人力、物力投入，重则造成大量淘汰、酿成重大经济损失。2018年非洲猪瘟侵入国内，对我国养猪及相关行业更是造成了巨大的伤害。

虽然各种病原来势汹汹，但人们从改造和适应自然的过程中早已体会到：要消灭传染病很难，但防控传染病是可以做到的。传染病流行的三个基本要素是：传染源、传播途径和易感群体。一般而言，传染源是能够散播病原体的动物或携带者；传播途径是指病原体离开传染源到达健康群体所经过的途径，如接触传播、饮食传播、生物媒介传播等；易感群体指的就是生猪。

在实际生产中，既然传染源是未知、不可控、难以消灭的，那么我们的目标就是要尽力通过阻断传播途径来保护易感动物免受伤害。所以生物隔离（生物安全）开始受到格外的重视，进一次猪

1

场隔离几天洗几次澡成为常态，各种环境的"消毒—检测"也成为一项日常工作。

本书从阻断传播途径的主题出发，整理出当前广受欢迎的一些实用的理论与概念的关键节点，以简练、易懂的文字，真实、直观的图片结合形象、简洁的插图表达并结集成书，希望既能给读者带来一些科学实用的知识点，也能将一些概念形象地展示出来，方便读者理解学习。

本书的顺利完成，得到了九卦（广州）文化传播有限公司的重要帮助，特此鸣谢。

本书以介绍直观性、实用性的管理技术为主，由于编者知识有限，不妥之处在所难免，敬请读者批评指正。

科学技术日新月异，新概念、新名词层出不穷。在本书出版之际，又有了一批新的名词、概念出现，未能收录，甚为遗憾，期再版时收录。

编者
2021年8月

目　录

第一章

非洲猪瘟特性关键词

非洲猪瘟（African swine fever，ASF）是由非洲猪瘟病毒（African swine fever virus，ASFV）感染家猪和野猪而引起的一种急性、出血性、烈性传染病。世界动物卫生组织（World Organization for Animal Health，OIE）将其列为法定报告动物疫病，我国动物病原微生物名录中将其列为一类动物疫病。

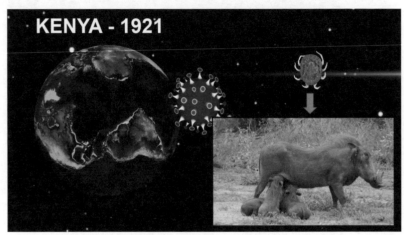

非洲猪瘟于1921年在肯尼亚首次被确认（来源：FAO）

一、病毒特性

1. 五行属土

非洲猪瘟刚传入国内时，我国的科学家就迅速对病毒的类型、结构、特性等进行了科学而细致的分析，在此基础上，行业人员得以有针对性地快速制订出各种防控措施，这已无须赘述。如果从中医辨证的理论来说，非洲猪瘟病毒的属性属土，缺金。金相当于营养元素，当营养缺乏的时候，这个病的发生会更严重。同时它憎火喜水（怕高温，喜湿润），事实也证明，非洲猪瘟病毒在水系发达地区往往传播速度也更快。

病毒属性

2. 怕高温干燥

惧怕高温和干燥是非洲猪瘟病毒的两个致命弱点，非洲猪瘟病毒的有效防控措施都是依据这两个弱点来设计的。这也解释了为什么南方地区的疫情都是在春季开始暴发，然后随着梅雨带的北移而逐步向北方转移，因为南方春季雨水多，更利于非洲猪瘟病毒传播。

3. 粪口传播

病毒传播的一个关键特性就是通过粪口途径传播，也就意味着猪粪的管理是非洲猪瘟防控中的一个关键环节。要控制疫情，就要切断病毒的粪口传播途径。所以现在很多猪场，员工已经不再进入猪栏，因为如果进入猪栏，就会接触猪粪，然后就可能会把病毒带到其他地方。对于粪口传播途径来说，粪重要，口也重要。各方面都强调要进行猪舍的改造，就是要减少"病从口入"的问题。

非洲猪瘟病毒怕高温和怕干燥

粪口传播途径

二、潜伏期与危害

所有品种和年龄的猪均可能感染非洲猪瘟，在不同条件下，其潜伏期通常为3~20天，OIE《陆生动物卫生法典》中将野猪的感染潜伏期定为15天。非洲猪瘟死亡率通常为30%~100%，因感染的毒株不同而有所差异。强毒力毒株感染潜伏期较短，可导致猪在4~10天内100%死亡；中等毒力毒株感染潜伏期较长，造成的死亡率一般为30%~50%。

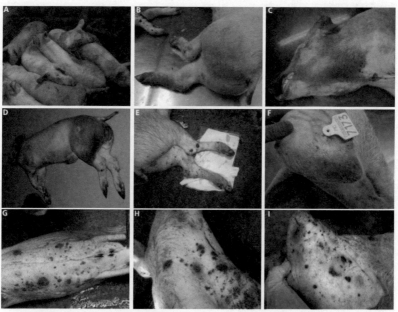

A：猪看起来明显虚弱、发烧，团缩在一起取暖；B~E：在颈部、胸部和四肢的皮肤上有明显的充血区域；F：耳朵尖端呈蓝色；G~I：腹部、颈部和耳朵皮肤上有坏死病变

急性非洲猪瘟的临床症状（来源：FAO）

A：淋巴结明显出血和肿大；B：肾脏皮质点状出血；C：脾脏肿大、易碎

急性非洲猪瘟一些最容易辨认的病理变化（来源：FAO）

2018年8月初我国暴发非洲猪瘟首起疫情以来，该疫病已蔓延至全国，给我国生猪养殖业和国民经济带来了严峻的考验。随着它在东南亚各国的传播，养猪行业遭受了巨大损失，各相关从业者对疫情的防控也愈加重视。

三、病毒结构与生存力

非洲猪瘟病毒是一种双链的核质大DNA病毒，形态为正二十面体，直径约200nm，中央为内含拟核的蛋白质核壳，由内向外分别还有一层脂质包膜和蛋白质衣壳，这种复杂的结构使它在自然环境中具备极强的生存能力。OIE资料显示，家猪受到感染后，5天左右可从尿中检出病毒，15天左右可以从粪便中检出病毒，受病毒污染的猪肉冷冻15周后仍可检出病毒。有报道称非洲猪瘟能在土壤中存活200天左右，在低温暗室内存在血液中的病毒可生存6年，室温中可存活数周。

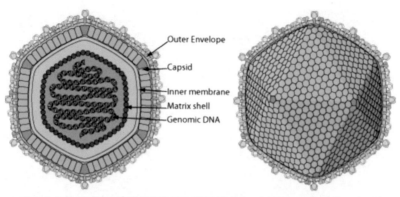

非洲猪瘟病毒粒子结构（来源：FAO）

病毒作为一种非细胞生命形态，没有自己的代谢机构，没有酶系统。因此，病毒一旦离开宿主细胞就成了没有任何生命活动，也不能独立自我繁殖的化学物质。病毒的复制、转录和转译的过程都是在宿主细胞中进行的，病毒颗粒最外层的特定蛋白能够和宿主细胞上的相应受体结合进入细胞，进入宿主细胞后，可以利用细胞中的物质和能量，以自身DNA（RNA）为信息源合成新的蛋白质和DNA（RNA），组装出和它一样的新一代病毒，再释放出来感染下一个细胞。

所以只要外界物理或化学条件使病毒或宿主相关功能蛋白失去功能，就可以使其失去扩增或感染宿主的能力，一般在实际生产中可通过调节环境温度或pH的方式达到灭活病毒的目的。加热被病毒污染的血液或饲料55℃30分钟、60℃10分钟、85℃3分钟，病毒将被灭活，强酸强碱也能杀死病毒。

四、传播与感染途径

OIE资料显示，非洲猪瘟的传播十分依赖动物与病原的直接接触。通常非洲猪瘟跨国境传入的途径主要有四类：①生猪及其产品国际贸易和走私；②国际旅客携带的猪肉及其产品；③国际运输工具上未灭活的餐厨剩余物；④野猪迁徙。

非洲猪瘟病毒通过各种接触途径传播（来源：FAO）

非洲猪瘟病毒可经过口和上呼吸道系统进入猪体，在鼻咽部或是扁桃体发生感染，病毒迅速蔓延到下颌淋巴结，通过淋巴和血液遍布全身。强毒感染时细胞变化很快，在呈现明显的刺激反应前，细胞都已死亡。弱毒感染时，可以观察到组织的刺激反应。

由于非洲猪瘟感染机制十分复杂，并且世界范围内至今尚无有效疫苗和治疗药物，导致疾病的防控成本十分高昂。世界各国专家普遍认为：做好生物隔离和加强早期检测清除是切断传播途径及抑制该病传播的关键。

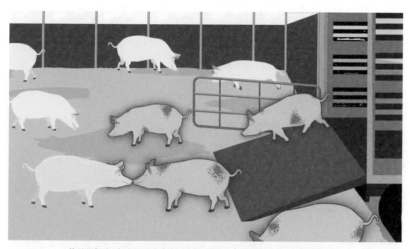

非洲猪瘟病毒通过直接接触传播（来源：农业农村部）

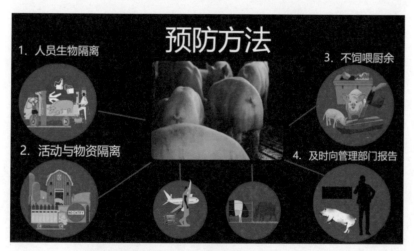

通过切断传播途径防范非洲猪瘟（来源：FAO）

第二章
病原传播阻断关键词

做好猪场生物隔离管理的主要目的，就是要阻断疾病的传播途径。任何传染病都不会无缘无故地出现于人类的猪场，它们的病原必然需要通过某种媒介或渠道感染到目标动物。管理者必须采取必要的措施阻断各种可能的传播途径，最大限度地防止病原进入猪场，有效减少病毒侵害动物的可能性。

传统养殖场门口一般会设置消毒池

一、交通管理

1. 运输车辆管理

运输主要通过车辆进行，包括饲料车、物料转运车、运猪车，从运行区域可分为内部运行和外部运行。猪场内部与外部的运输车辆应该从物理上严格地隔离开，外部的车辆不进入猪场内部，内部车辆一般情况下也要避免开到猪场之外，内部车辆如因维修、保养、改装等确需出场的，在回场前应当充分清洗消毒。同时，各种运输车辆尽量不要混用，还要避免运送指定物资之外的其他物资。

在传统的商业模式中，饲料厂的商品饲料或饲料原料会通过社会货运车辆运入猪场的饲料仓库。饲料车会在养殖场入口处的消毒池消毒轮胎，部分养殖场或饲料企业在门口用水枪冲洗车辆，在此过程中有几个风险点：

（1）消毒效力低下。传统模式仅仅是在车辆进出饲料厂和养殖场时，通过门口的消毒池消毒轮胎，或者在门口用水枪简单冲洗车辆。作用时间短、作用不深入是不行的，一定要彻底冲洗，充分浸润、冲洗轮胎花纹里的泥土，增加消毒效果。

仔细清洗车辆上的泥土

均匀喷洒泡沫并冲洗容易忽略的角落

（2）车辆底盘死角太多。水枪冲洗底盘能够减少泥垢带毒的风险，但是也要认识到汽车底盘结构复杂，藏污纳垢的死角太多，用水枪人工短时间冲洗的方式想要彻底洗干净并不现实。此外，用水冲洗之后，如果不配合充分干燥、消毒剂消毒、烘干消毒等方式进行处理，也会影响实际效果。如果车辆冲洗后没有充分干燥，那么车辆行走时滴下的泥水将成为移动的安全隐患；如果车辆干燥但消毒不完全，那么车辆震动时掉下的尘土也可能传播病原。

使用专业设备清洗车辆底盘

（3）管理难度大。要彻底清洗车辆底盘并等待车辆晾干需要
耗费大量的人力和时间，且洗消质量十分依赖操作人员的作业精
度，也需要车主有时间和意愿配合工作。

生猪运输车辆在使用之后要彻底清洗消毒猪笼

（4）车辆带毒复杂。社会车辆在饲料厂装料时，会遇到来自
各地的车辆，它们可能从各地养殖场带来种类繁多的病毒、细菌，
并通过停车场的地面和人员互动"交流"到其他车辆，进一步提高

了散毒风险。

生猪与饲料要使用专用车辆运输

　　所以如果要改善车辆洗消效果，一要建设专门的洗消车间，应用高温清洗、烘干的流程；二要系统性地减少管理风险，饲料车、运猪车要采取专车专用的管理方式，场内用车与场外用车要进行物理隔离；三要进行全封闭运输，要采用全封闭的车辆，将被运输的货物装在车厢内部，尽量减少与外界环境的物质交流。

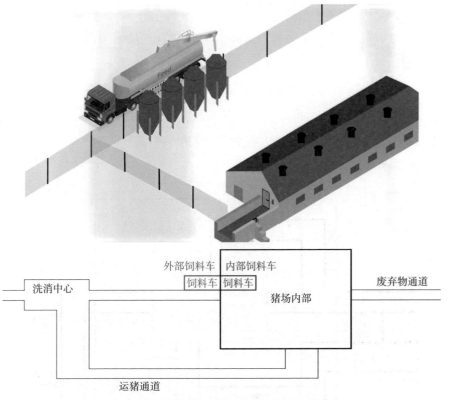

外部的饲料运输车辆不要进入猪场内部道路

　　从流程上来说，在猪场外围一定距离要设置警戒区。外来饲料车辆进入警戒区时，必须通过洗消中心清洗、烘干，然后到猪场指定地点，通过管道或传送装置，将饲料转运到猪场内部饲料车，再

运送到内部料仓。此外，应将猪场的物资通道和废弃物通道分隔开，减少交叉污染风险。

2. 运猪进场管理

猪场应当设置中转隔离舍，将检测合格的进场猪首先转入隔离舍，设定30～40天的隔离观察时间。隔离期内，密切观察猪只临床表现，进行病原学检测，必要时实施免疫。

隔离舍准备：后备猪到场前完成隔离舍的清洗、消毒、干燥及空栏。

物资准备：后备猪到场前完成药物、器械、饲料、用具等物资的消毒及储备。

人员准备：后备猪到场前安排专人负责隔离期间的饲养管理工作，直至隔离期结束。

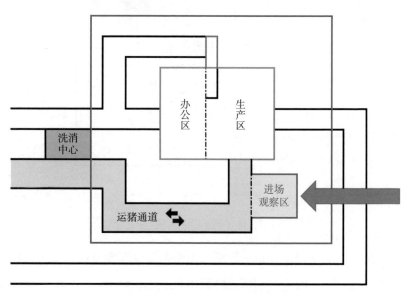

种猪进场前需要先在专用区域隔离观察

要尽量将运猪的通道与人员通道、废弃物通道分开，在交叉路段做好路面的消毒工作。隔离结束后对引进猪只进行健康评估，包括口蹄疫、猪瘟、非洲猪瘟、猪繁殖与呼吸综合征、猪流行性腹泻及传染性胃肠炎等病原检测，以及猪伪狂犬病gE抗体、口蹄疫O型抗体、口蹄疫A型抗体、猪瘟抗体及猪伪狂犬病gB抗体等抗体检测，期满检测合格后才可以转入生产猪群。

3. 运猪出场管理

家猪腿部的生理结构决定了它更适合走上坡路，但是不能攀爬，所以路不能太陡。群体活动时也体现一定的"羊群效应"，喜欢跟着视野前方的猪一起跑。所以赶猪的通道如果设计成窄道、使猪不容易调头，会更利于猪群的快速运动。

在猪的流动过程中，既要考虑猪的生理特性提高动物福利和工作效率，又要十分重视从设计上隔绝交叉污染。内部的猪出场时，要用内部车辆转运至出猪台，设置单向下坡，流动到场外运猪车。在此过程中，要将出猪通道设置成窄道，防止猪只往回窜，还要设置一定向外倾斜的坡度，方便猪只快速前进及防止污水回流。

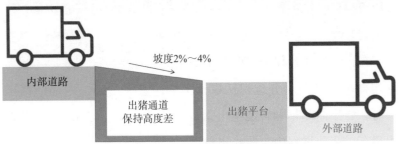

根据猪场道路情况设计避免污染的安全运输通道

　　如果出猪台低于运输车辆，上车通道的地面要处理成粗糙防滑型，防止生猪由于脚下打滑产生畏难情绪而强行调头，而且地面要采取漏缝等设计，防止通道中的污水流回出猪台。

　　要注意的是，猪只转运时，要使用内部车辆在猪舍出猪台接猪，转运到外部出猪平台后，转接给外部车辆。内部与外部区域要由不同人员负责，禁止人员跨越区域界线或发生交叉。猪只到达外部出猪平台后必须转运离开，禁止返回场内。转运结束后，要对出猪平台和中转站及相关道路充分清洗、消毒。

二、环境管理

1. 警戒区与洗消中心

一般情况下，猪场利用人工或天然的屏障（围墙、水系等）将猪场的生产、办公区域围起来，使之与外界的开放环境分隔开，称为猪场"内部"和"外部"。猪场内部的管理一般比较严格，但外部的管理往往容易被忽视。在严重的传染病威胁下，管理者应当将注意范围扩大到猪场周边的外部环境，在猪场外部设置警戒区域。

警戒区域的范围和大小要根据猪场的实际地形来确定，猪场安全人员应当安排警戒区域巡查，重点查看是否存在未经管控的通道、消杀管理是否到位、是否存在外来风险动物、猪场隔离措施有无损坏等风险情况。

根据政策法规要求和动物防疫工作的需要，警戒区域边缘关键地点应当建设车辆洗消中心。所有外来车辆应当在洗消中心洗净外表、车厢、底盘，用热风烘干后方可进入警戒区域。洗消中心承担着对进入猪场的车辆及随车人员和物品的清洗、消毒功能，可以快速、高效杀灭绝大多数病原，形成以猪场为中心的多层生物安全防护圈，使得环境载毒量从外到内层层递减，真正减少外来病原的风险。

洗消工作产生的废水应当合理收集和处置，严禁未经处理随意排放。

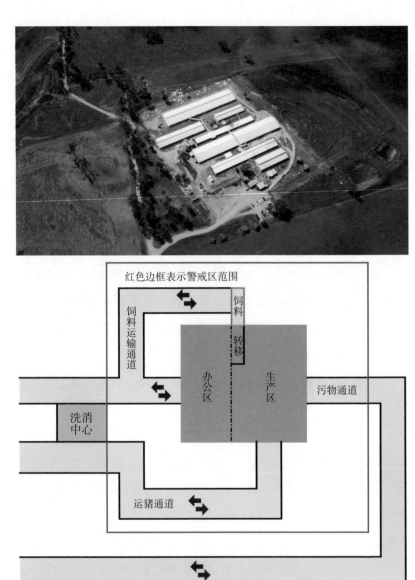

猪场外围要划立警戒区域

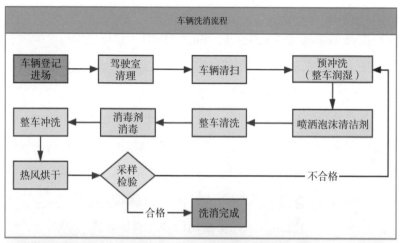

猪场要设立专用洗消中心

2. "BEST"消毒药效果评价

利用真实的微生物体进行药物效果测试（如药敏试验、细胞试验、动物试验）不仅费时费事，同时具有一定的病原扩散风险，对实验的硬件条件要求也十分苛刻，市场上一次完整的消毒药物有效性评价的成本也十分高昂。

针对这些短板，樊福好首次提出了生物酶模拟测试法（biological enzyme simulated testing，BEST）评价消毒药物的真实消毒能力，其原理是：利用消毒类药物对蛋白质类酶的抑制作用，模拟药物对（致病）微生物的抑制作用。

从生物化学层面来看，大多数消毒类药物作用于微生物时，是通过破坏蛋白质或破坏酶的功能而起到对微生物的抑制或杀灭作用。所以，可以利用这一生化原理，用生物酶模拟法测试消毒类药物的一般有效性（如过氧乙酸、戊二醛、过硫酸氢钾等）。

同时，配合使用微型光学量化仪器，可以方便、快速、可视化、数字化、低成本评价药物的环境消毒效果，能有效地缓解中、小型猪场在纷繁复杂的消毒药市场选择产品的困难。

"'BEST'消毒药效果评价方法"显色反应

3. 外围地面处理

在警戒区域内，应尽量清除道路两旁一米范围内的杂草、树枝，避免草叶、树叶及其附着物接触来往车辆的车体。路面应保持干燥，可在路面均匀铺洒干粉类消毒粉，减少虫害的滋生。需要注意的是，在环境过于干燥的地段要避免大量使用生石灰干粉消毒。因为生石灰干粉本身无杀菌作用，与水接触反应生成氢氧化钙所产生的高温和碱性环境才具有杀菌作用，而且干燥环境中的生石灰粉遇风可能形成粉尘飞扬，容易被人或动物吸入呼吸道，可能引起咳嗽、打喷嚏，甚至诱发呼吸道疾病。这种对人体有一定伤害的干粉类消毒产品，应当根据环境特点谨慎使用。

使用干粉类消毒剂给环境消毒

同时要注意的是，生石灰粉遇水形成氢氧化钙后，容易吸收空气中的二氧化碳，反应生成碳酸钙板结成块，表面粗糙容易藏污纳

垢且不易清洗。所以在猪场内部的硬化道路和猪舍内部的地面消毒时，应尽量避免使用大量生石灰粉，避免地面板结不易清理或者堵塞下水道。

4. 防鼠虫

老鼠进出猪舍偷吃饲料时，存在通过足和皮毛传播病原的风险。猪场管理者可以聘请专业公司，设计猪场整体防鼠、防害虫方案。同时，许多易用型的方案和设备研究也很成熟，猪场管理者也可以自行利用其改造现有管理方式和猪场设施。

猪场外部方案有：在围墙外设置碎石防鼠带、在排水口及薄弱区覆盖不锈钢网、围墙顶部设置低压电网、投放长效鼠药等；猪场内部可将鼠药、夹、笼与各种设备搭配使用。现在市面上出现多种新型的灭鼠器材，有条件的猪场管理者也可以多加利用，提高灭鼠效果。

市场上有多种工具用于灭鼠

5. 灭蚊蝇、蟑螂

因为蚊蝇、蟑螂经常接触不洁环境，且极可能与猪有大量直接接触，所以也有必要防止它们成为病原的传播媒介。

灭蚊蝇、蟑螂的传统方法有：搞好环境清洁、减少蚊蝇滋生的环境；喷洒药物，消灭幼虫；使用各种工具消灭成虫。另外还有各种类型的灭虫药、光电诱捕器、超声波驱虫器等也有一定的效果。

市面上有多种工具可用于捕虫

6. 驱鸟

除了鼠虫等动物，各种鸟类也是猪场的常客。因为鸟类多数以花蜜、种子、昆虫为食，活动范围较大，也有潜在的传播病原的风险。

野生鸟类是受保护动物，禁止捕杀，所以猪场管理者需要采取措施做好驱赶工作。常见的驱鸟方法有：高音喇叭、超声波、闪光、驱鸟彩带、假人模型、假鸟模型、特殊气味剂等，猪场管理者可根据具体条件选择合适的方法。

选择合适的工具驱赶飞鸟

三、猪舍管理

1. 猪场内部管理

（1）人员进出管理。猪场要根据需求和实际情况制订可操作的、有效果的人员进出制度。具体措施包括：洗澡、换衣服、换鞋、戴头套、穿鞋套、穿防护服、洗头、洗手等。原则上要做到净区、污区分隔，制度要执行到位。

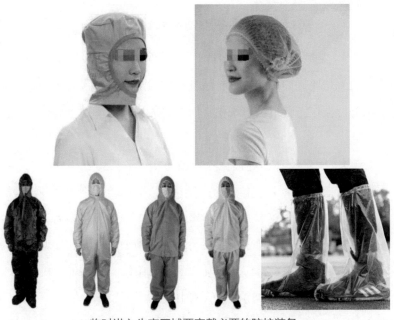

临时进入生产区域要穿戴必要的防护装备

（2）死亡猪只转运。对出现死猪的现象要提高警觉，要第一时间采样送专业机构检测病原。死猪尽量用专门的捡猪车运输，应该通过污物通道行走，尽量不要使用饲料运输的通道。如果条件有

限必须与饲料运输通道交叉，要提前做好通道隔离，并在事后进行充分清洗消毒。清洗水压不宜过大，避免飞溅。死猪运到门口后，用另外的专用车辆运走处理。

利用合适的装备提高效率并减少污染风险

（3）场内转群。猪要转群时，除了要重视减少应激之外，最关键的就是要提前对猪进行核酸及抗体检测，确认没有传染病原后才能进行操作。转群的过程中，所经过的通道在事前事后要彻底清洗消毒。

（4）用水管理。规模化养猪场的水源主要可选用地表水、地下水和自来水。其中自来水最安全卫生，但由于价格和便利性等原因，猪场一般使用较多的是地下水和地表水。地下水多为利用深井抽取地层深部的水；地表水主要为水库、湖泊、河流和池塘水。为满足用水需求，猪场都应建立独立的供水系统，使用抽水机等供水设备将水输入水塔，再向供水管网中供水。

在有些地区，许多猪场的水源地均受到不同程度的污染，尤其是使用地表水做水源的猪场更为严重，有的还是在取水和供水过程中造成了污染。使用地下水的一些猪场，由于对地下水源的保护力度不够，猪场自身产生的污水或其他污染物渗入地下水层污染地下水源的情况也时有发生。

水中的病原微生物对猪群的健康影响极大。在猪的疾病中，由于水污染导致的疾病可达二十余种，包括病毒性疾病、细菌性疾病、寄生虫病三类。病毒性疾病主要有猪瘟、口蹄疫、传染性胃肠炎、流行性腹泻等；细菌性疾病主要有大肠杆菌、猪丹毒杆菌、沙门氏菌、布氏杆菌、链球菌等；寄生虫主要有蛔虫、节结虫、球虫、鞭虫等。这些疾病并非都同时存在于某个养猪场中，但在同一个猪场中可能同时存在着多个水污染导致的传染病，并长期导致猪群出现各种病症。

因此，在养猪场中无论是饮水还是用水，保证水质的洁净卫生，是确保猪群健康和实现最佳经济效益的必要条件。无论养猪场的水源是地表水还是地下水，都必须经消毒灭菌后方可使用。消毒或抑菌的方法有添加酸化饮水、碘制剂饮水，用消毒管线消毒等，饮水、用水都要注意防备污染。

（5）加强营养。应该意识到，我们的最终目的是把猪养好，在做好生物隔离、疾病控制的同时，一定要保证猪群的营养充足与平衡。长期以来各种饲料配方的研究，一方面是为了解决与人争粮的问题，另一方面也是为了降低饲养成本。在当前市场行情下，养殖者可以适度加大饲料成本，尽量满足猪的生长需要、保证猪群健康，可以增加猪的非特异性抵抗力、减少患病风险。饲养管理方面也应尽量通过优化管理方式和升级器械工具的方式，改善动物福利和卫生条件，减少猪群应激和霉菌毒素的影响。

微型体质检测仪

2. 猪舍工具管理

每栋猪舍的工具要做到专区专用，比如扫帚、铁锹、胶鞋、水管、小推车、捡猪车、螺丝刀等日常小型工具要杜绝交叉使用。如果猪舍较大，可在内部划分区域，每个区域配备适量专用工具（扫帚、水管等）。同时猪舍内通用的工具在每次用完之后，要及时清洗、消毒、晾干。

3. 饲料、兽药管理

所有饲料、兽药等物资进入猪舍之前要在仓库进行表面消毒，可根据实际情况采取烘干、喷雾、擦拭等方式，将表面清洁消毒。使用后的包装要带出猪舍集中处置。

4. 猪舍粪便处理

要尽量避免人员进入猪栏清理粪便，最好使用漏缝地板，配合采用机械清粪或水泡粪工艺。如果条件不足，需要采取人工清粪的方式，那么最好尽量使用干粉类的消毒剂以保持猪舍干燥，减少清粪次数。清粪工具的通用范围要尽量缩小，最好每栏或每栋配备专用的清理工具。

5. 猪场环境管理

（1）空气消毒。猪场的空气消毒主要是用来对常规消毒无法涉及的位置进行消毒，这些位置可能处于特殊的地点，无法进行常规消毒。消毒目的有3个：①抑制空气中病原的传播；②降低尘埃的水平；③抑制空气中的毒素（特定的细菌产生的毒素，可黏附在尘埃颗粒上，这种毒素对猪群的健康和生产能力有明显的影响）对猪只造成的影响。

必要时使用喷雾装置消毒环境

在存在有害尘埃的环境中，猪只接触到更小剂量的病原即可导致临床疾病。这种情况下进行空气消毒，既可杀灭病原，又可减少尘埃，可有效控制猪群的临床呼吸道疾病发病率。

需要强调的是，空气消毒是常规消毒方式的一种，猪场应根据实际情况实施，不能取代其他消毒方式。

（2）空栏处理。猪舍内部的消毒，要选择在没有猪的时候进行。应当尽量避免带猪消毒，因为这样不仅不能有效地消除环境病原，还会对猪的健康造成伤害。

猪舍消毒的方式有很多，常用的有消毒液浸润、消毒液喷雾、火焰消毒、熏蒸消毒等。管理人员应当根据实际情况选择适当的消毒方式，并结合核酸检测评估清洗和消毒的效果。

要注意的是，无论采取何种消毒方式，一定要保证有效的作用时间。一般情况下，高温消毒时，60℃就可以将多数病原杀灭；但如果喷灯火焰只是一扫而过，也不能完全杀灭病原，因为作用时间太短了。蒸煮消毒：在水开后30分钟就可以将病原杀死。紫外线照射：照射时间必须达到5分钟以上。

这里说的时间，不单纯是消毒所用的时间，更重要的是病原体与消毒剂接触的有效时间。例如使用喷雾对猪运动场消毒时，粪便表面的病原容易接触到消毒液被灭活，但粪球内部的病原由于无法接触到消毒液，可能仍然会保持感染力。

（3）环境干燥。猪舍内潮湿的环境是各类真菌、细菌、寄生虫生长发育的温床，各种病毒在潮湿环境的存活时间也会延长。潮湿的猪舍中，各种疾病（疥癣、湿疹等皮肤病，小猪腹泻、流感、关节炎、蹄炎等）都更容易发生。建议使用干粉类的消毒剂保持猪舍干燥，减少清粪次数。

保持猪舍环境干燥可降低病原生存概率

（4）实体墙分隔。许多猪栏的食槽被设计成大通槽，猪圈之间的隔断被设计成镂空隔栏，这种设计不利于隔离疾病。在高度传染性疾病面前，为避免接触传播，要对这种猪舍设计稍加修改。猪栏之间的隔断要改成实体墙，减少相邻猪栏的猪只交换口水的机会，减少疾病在相邻猪栏间通过直接接触传播的概率。

设计猪舍实体墙与实体门以减少猪之间的互相接触

食槽要改成一栏一槽或数栏一槽，尽量减少共用同一食槽的猪只数量。要考虑养殖规模和设备情况，兼顾工作效率与防疫，根据猪场实际情况制订可控的规则。大通槽的设计方便饲喂和清洁，也导致病原更快传播。

大通槽设计可能造成病原通过食槽迅速传播

（5）划分单元格与定点清除。定点清除要以单元格为单位进行操作，以单个猪栏为单位划分单元格。一个猪栏为"基本单元格"，直接与它接触的是"相邻单元格"，与它在同一栋猪舍及所有共用同一饲养员或有重要关联的其他猪舍都称为"关联单元格"。有些情况下，可以认定整栋猪舍为一个"基本单元格"，与之有人员、工具交流的其他猪舍可认定为"关联单元格"。

如果在基本单元格内发现病毒，要求把基本单元格与相邻单元格的猪全部拔除，然后严格监测关联单元格的情况。

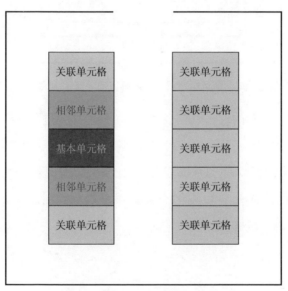

要按接触程度归类单位格的性质

定点清除操作时淘汰猪就尽量从污物通道运出，如果与净物通道有重合或交叉路段，应当与净物通道做好隔离，并在事后对污染路段充分清洗消毒，并采样检测验证。

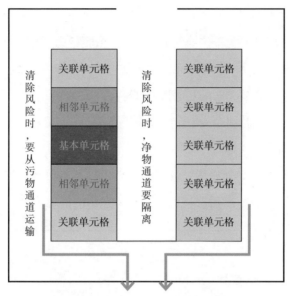

清除风险时，要从污物通道运输

清除风险时，净物通道要隔离

关联单元格	关联单元格
相邻单元格	关联单元格
基本单元格	关联单元格
相邻单元格	关联单元格
关联单元格	关联单元格

应通过污物通道运送猪只，并做好通道隔离和事后消毒措施

　　总之，养猪的疾病风险很多，然而没有必要过分恐慌。只要根据科学规律办事，事态完全可以得到控制。当前全国生猪和母猪存栏量的不断上升，就是疾病蔓延得到控制的最好证明。相信在良好的管理下，各种疾病的风险一定能够得到有效控制，养猪行业的发展一定会越来越好。

第三章

早期预警检测关键词

人们意识到发生重大传染性疾病时，往往是猪群大规模暴发疾病的时候。以非洲猪瘟为例，人们之所以发现异常，是因为猪只在短时间内大量发病死亡，且有高度一致的解剖症状。根据流行病学原理，假如某病的流行曲线只有一个高峰，且所有病例都集中在该病的常见潜伏期内，据此可判断此次感染属于同源性传播。所以很容易推断出，病原是在之前的某个时间点（暴露日期）进入猪场，感染少量猪后，再逐渐扩散，之后可能通过"发病—扩散"的循环造成大面积的损失。

为了尽可能早地发现猪群暴露日期以便采取相应措施，人们可采取普查或抽查的方式进行现况调查（横断面调查），获得猪群患病率、症状等信息。根据流行病学原理，通过一定规律的普查和抽查相结合，可以发现早期病例、了解猪群的健康水平、了解疾病的分布。

根据家猪的生活规律可知，如果外来病毒要感染活体，必须通过口、鼻、眼、皮肤、排泄器官、生殖器官等通道进入猪的体内。具体的方式除了共用针头、配种接触、母子子宫联系、伤口接触等途径外，最大的可能就是通过口鼻感染猪的口鼻腔腺体，然后再进入体液循环。以非洲猪瘟为例，OIE研究资料表明，病毒进入猪的口鼻之后，先在口鼻腔腺体内定植，如果猪的抵抗能力弱，随后病毒则会进入血液，造成猪只发病死亡。此外，美国专家研究表明，现有技术可以通过猪的唾液检测猪蓝耳病、猪瘟等多种病原的核酸及抗体。因此，要对传染病风险进行早期监测，动物的口腔和鼻腔是必要的采样位点。

还有研究表明，动物感染疾病过程中，口鼻腔液、直肠液样本要早于血液样本发现病原，也就是说唾液中的病原比血液中出现得早。所以，在疾病传播的窗口期，对动物唾液、环境样本进行核酸检测对于掌握病毒传播规律十分重要。同时，一旦发现重大疾病风险，应当及时向有关管理部门报告，只要处理及时得当，大部分疾病扩散风险是可以控制的。

一、采样对象与采样方法

1. 监测对象

在生物隔离措施运行良好的养猪场内，最重要的监测对象是猪只及其周边的环境表面。采样对象包括：办公及生产区道路、猪舍地面等；猪舍内料槽、饮水器具、出粪口等；工作服、工作靴等；饲料、药品等外包装，以及使用的工具等；车辆轮胎、车厢、驾驶室等。

2. 确定采样类型

对猪采样的目的是评估猪只的带毒情况，一般可分为诊断采样与监测采样。诊断采样一般用于猪群发病之后的检测确诊，需要的样本一般包括：血液、肛拭子、呕吐物、流产胎儿、精液等。而监测采样的目标是监测猪群的无症状感染情况，以便兽医较早发现风险和进行干预。正确的采样对于疾病监测十分重要，监测需要的样本一般包括：唾液、口腔拭子、鼻腔拭子，其中又以唾液为最佳。早期预警的监测采样，尽量不要采血，避免造成猪群应激和疾病交叉感染。

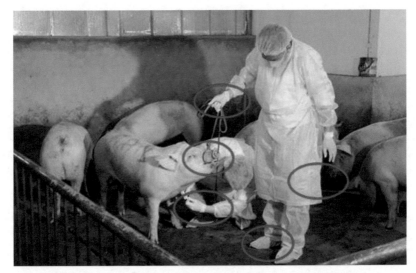

采血时工作人员鞋底、服装、工具都可能造成疾病交叉感染

3. 口鼻肛拭子采样

预先在灭菌的旋盖采样管内加入0.5～1mL样本保护液，保定猪只后，将灭菌医用棉签伸入猪的口、鼻或肛门，在腔壁来回刮动，棉签沾取黏液之后，取出放入采样管，做好标记。

（1）操作要点。最好2人协同进行，一人负责保定猪只，另一人负责采样。

（2）优点。可以采到任何想采的部位样本。

（3）缺点。抓猪过程、在口鼻腔的采样过程应激较大，影响猪只健康；采样人员需要进入猪栏，人员的衣服、鞋子、手套、工具可能造成病原交叉污染。

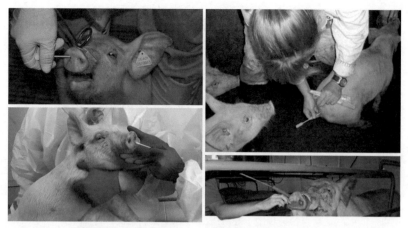

猪鼻拭子采样（来源：国家自然科学基金委员会）

4. 唾液采样

预先在灭菌的旋盖采样管内加入0.5～1mL样本保护液，站在猪栏外面，将唾液采集袋（绳）一端绑在待采的猪只栏位上，另一端垂到猪的口鼻高度，此时猪只会主动去咬唾液采集袋，静静等待2～3分钟后，提起湿润的唾液采集袋，用自带的塑料包装挤出唾液，根据需要倒1～5mL至采样管，做好标记（注意：尽量不要使用棉签采样，因为采集的唾液量小，而且被洗脱液大比例稀释，极易出现假阴性检测结果）。

（1）操作要点。每挤完一头猪的唾液之后，更换手套。

（2）优点。猪没有应激，还很主动；速度快；唾液量大，可同时用于多种用途；没有交叉污染风险。

（3）缺点。采样之后的棉袋（绳）需要焚烧或其他方式灭活处理。

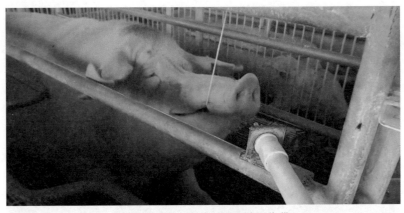

猪会出于好奇主动咀嚼唾液采集袋

使用棉绳采集唾液

5. 环境采样

环境采样的目的是监测环境中是否存在病原核酸，一般用于评估环境的安全性。采样点一般包括：人体、车辆、随身物品、下水道、料槽、地板、饲料、地面泥土、水样等。根据形态可分为以下几种。

（1）干燥表面干法采样。使用干燥的灭菌医用棉签轻轻触碰采样点，并重复进行"Z"形擦拭，棉签充分沾取采样点表面的浮尘之后，将棉签放进旋盖的灭菌采样管内，做好标记（空气的采样也可以参照这种方式，使用过滤装置或吸附装置过滤空气后，用干法采样）。具体的操作要求和优点为：①操作要求，保持棉签及采样管干燥；②优点，样本无须做保护处理，自然条件下可保持较长时间。

（2）湿润表面湿法采样。预先在灭菌的旋盖采样管内加入0.5～1mL样本保护液，在采样现场使用干燥的灭菌医用棉签轻轻触碰采样点，并重复进行"Z"形擦拭，棉签充分沾上采样点的表面物质之后，将棉签放进采样管内，做好标记。具体的操作要求和优点为：①操作要求，采样管内加入样本保护液；②优点，样本受到保护，可以常温保存及运输。

（3）液体湿法采样。预先在灭菌的旋盖采样管内加入0.5～1mL样本保护液，在采样现场使用干燥的灭菌医用棉签轻轻搅动待采液体，用吸管吸取0.5～1mL混浊液体放进采样管内，做好标记。具体的操作要求和优点为：①操作要求，采样管内加入样本保护液；②优点，样本受到保护，可以常温保存及运输。

二、检测方法

1. 核酸检测原理

环境与唾液样本中病毒载量少、干扰物质多，尤其是唾液中还含有多种消化酶、抗体和其他生物活性物质，导致在风险监测过程中，对唾液核酸提取和检测的要求较高。

如果操作环节过多或使用方法不当，PCR检测极易出现假阴性或阴阳不定的结果，会极大地增加生产中的风险。假阴性的危害不

仅是让养猪场花费高昂的检测费用，更严重的是引起管理者的误判。如果猪群存在无症状感染的阳性猪而没有及时清除，则很可能会让病毒悄无声息地传遍整个猪群，等到疾病大面积暴发时再处理可能就损失惨重了。

要准确开展核酸PCR检测，样本的核酸提取是重中之重的工作。目前市场上有两种核酸提取方式：柱提法与磁珠法。柱提法的原理是：利用硅胶膜制成过滤柱，在不同的盐浓度和pH条件下，经过3～4次清洗和过滤，将核酸提取出来供给后续的PCR操作。近年来美国科学家创新性地制造出一种纳米级的磁珠微粒，并在它表面包裹一层二氧化硅基团（SiO_2），使之可以吸附并提取核酸，极大地提高了核酸提取效率，并大大简化了操作步骤，可以大幅提高检测的可靠性。

柱提法耗时较长，提取一次核酸一般需要17～35分钟；柱提法过滤柱的硅胶膜表面积大，对核酸的损耗较大，降低了提取效率，而且需要更换多个离心管，对环境也相对不友好。相比而言，由于磁珠体积较小，磁珠法从原理上就决定了对样本核酸的损耗较少，而且它耗时短，市场上有的产品最快只需要2分钟即可完成核酸提取。磁珠法所有操作只需在同一个离心管中进行，还可以使用自动化机器大批量操作，一个批次可以提取8、16、32、64、128、256等多个样本，使实验室工作更加高效，有力地减少重复人工劳动，使相同人员的工作效率大幅提升。

更重要的是，有些实验中，磁珠最后可以与核酸一同进入PCR扩增环节，可以大幅减少假阴性出现的概率，这对于检测技术是一项史诗级的改变。但它的缺点也十分明显，磁珠是新兴事物，制作工艺复杂,产品以进口为主,国内生产厂家较少且产能不足,进口依赖性较大。

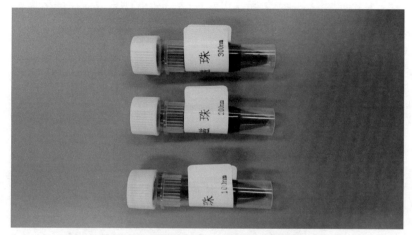

使用磁珠微粒使qPCR得以大规模操作

2. 核酸提取(磁珠法)

建议采用磁珠法提取核酸,目前市场上有多种同类产品,在与柱提法成本相近的情况下,有些高效的提取试剂可以在2~9分钟内完成核酸提取;还可以使用机器批量操作,10分钟可以提取几十份甚至几百份核酸,效率与准确性均远超柱提法。

(1)市场上一般厂家的试剂盒组成。裂解液50mL、清洗液50mL、洗脱液5mL、磁珠液1mL。磁力架1个或磁铁1块(另选)。

(2)操作方法。①取离心管一个,加入"液态"待检样品200μL,裂解液600μL,混匀;②加入磁珠液20μL,混匀,将磁铁靠近离心管侧壁,倾倒或吸掉液体;③加入清洗液600μL,撤离磁铁,上下颠倒,混匀,将磁铁靠近离心管侧壁,倾倒或吸掉液体,重复一次本步骤(把管内残留清洗液吸干);④撤离磁铁,加入洗脱液

50μL，混匀，将磁铁靠近离心管侧壁，取新离心管收集液体，即为核酸纯化样本。

（3）注意事项。①固体组织样品、环境样品或浑浊的体液样品（唾液、粪便、尿液、痰液、黏液），预先用裂解液处理，离心后取上清使用；②磁铁靠近试管并倾倒液体时尽量不要残留液体。

3. 核酸检测

目前市场上所有核酸PCR检测试剂盒的原理都相同，不同厂家的引物、探针、反应体系的设计存在差异，导致各厂家产品针对性、准确性和稳定性有所差异。猪场的实验室最好根据自己的需求，选择几个产品对比验证后，选择适合自身的产品（表3-1）。

表3-1 不同采样途径检测病毒核酸情况

样本	直接接种潜伏时间/天	与病猪同栏发病时间/天	与病猪相邻栏发病时间/天
血液	4.8 ± 1.3	10.3 ± 1.6	13.9 ± 3.0
口腔拭子	5.4 ± 1.3	8.5 ± 1.5	9.2 ± 1.5
鼻腔拭子	5.4 ± 1.4	7.6 ± 2.6	11.3 ± 0.5
直肠拭子	4.9 ± 1.4	9.3 ± 2.9	11.0 ± 1.6

注：以上为通过qPCR检出病毒核酸时的天数（Nikki Lynn Rogers等，2007）

一般认为如果没有接种疫苗，检出抗体即表明当前或过去存在感染。对于急性疾病的暴发，只有核酸检测有意义，因为大多数猪在产生抗体前已经死亡；但是如果存在幸存的猪只，特别是ASFV转变为中等毒力或者弱毒力毒株之后，则可以通过抗体检测研究猪的免疫反应（表3-2）。

表3-2　不同核酸片段检测结果判断感染情况

普通片段	CD2V片段	MGF360片段	判断
＋	＋	＋	野毒
＋	－	－	双基因缺失株
＋	－	＋	CD2V缺失株
＋	＋	－	MGF缺失株
－	－	＋	核酸片段
－	＋	－	核酸片段
－	＋	＋	核酸片段
－	－	－	未被感染

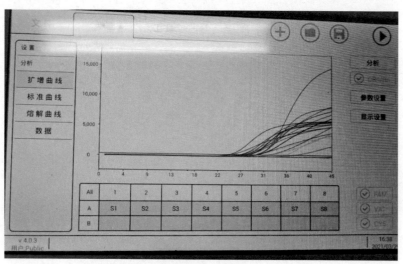

使用多通道qPCR可同时检测不同核酸片段

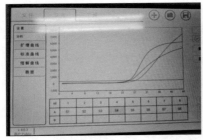 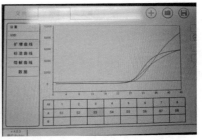

多通道PCR检测

4. 抗体检测

许多疾病的抗体可以在唾液中检出，市场上有多种产品可以选用。建议猪场管理者在传染性疾病得到控制之前，不要采集血液样本检测，可避免无意间导致危险疾病在群体内传播。

三、样本送检

1. 科研院所实验室

农业农村部发布第138号公告，公布国家非洲猪瘟参考实验室、专业实验室和区域实验室名单。

公告称，为贯彻落实《国家防治动物疫病中长期规划（2012—2020年）》，进一步加强国家兽医实验室体系建设，强化非洲猪瘟防控技术支撑，根据《国家兽医参考实验室管理办法》《农业部关于进一步加强国家兽医参考实验室管理的通知》（农医发〔2016〕13号），农业农村部指定中国动物卫生与流行病学中心相关实验室为国家非洲猪瘟参考实验室；指定中国农业科学院哈尔滨兽医研究所相关实验室为国家非洲猪瘟专业实验室；指定中国农业科学院兰州兽医研究所、中国科学院武汉病毒研究所和华南农业大学相关实验室为国家非洲猪瘟区域实验室。公告要求上述实验室要严格按照有关法律法规和农业农村部相关规定开展非洲猪瘟病毒实验工作。农业农村部将对实验室实行动态管理。

2. 其他专业实验室

有些地区公益性的养猪协会、畜牧协会等社会组织会组织设立检测实验室，可以帮助会员企业进行初步的核酸、抗体检测。另外，许多饲料企业、养殖企业也在企业内部的质检检验室设立了核酸、抗体检测室，可以在第一时间快速检测样本。

此外，还有一些以检测为主营业务的企业，作为第三方机构专门为社会提供收费检测服务，养殖企业也可以将样本送到这些专业机构检测。

四、建设自有实验室

为了保证检测工作的时效性，许多养殖企业选择自建检测实验室，但同时有很多实验室存在选址布局不合理、检测操作不规范、交叉污染重、检出结果不准确等问题。实验室管理人员要从实验室检测的核心价值出发，规范工作制度、管控好风险点，切实保证检测工作体现企业防控工作的核心价值，为最高管理者提供真实、有价值的专业意见。

1. 选址要求

（1）养殖场的检测实验室应建在场区之外。

（2）实验室应自成一区，设在建筑物一端或一侧，与建筑物

其他部分相通部位应设可自动关闭的门。

（3）排污、排水便利，便于集中收集和处理。

（4）根据所使用的检测方法的原理要求，确定实验室布局。如需提取核酸，至少将其隔成3个功能区，包括样品处理室（含核酸提取）、试剂准备室（含体系配制）和扩增室。

（5）实验室入口处应有明显的生物安全标识、管理制度与负责人联系方式展示。

2. 环境要求

（1）实验室门口处设挂衣装置，个人服装与实验室工作服应分开放置。

（2）样品处理室、扩增室应设洗手池；在靠近出口处宜安装感应水龙头和干手器，并放置洗手液。

（3）地面应采用无缝的防滑、耐腐蚀材料铺设，易于清洁消毒。

（4）踢脚线、墙面应为一整体，所有缝隙应密封，铺设材料应光滑防水，易于清洗消毒，耐消毒剂的侵蚀、耐擦洗、不起尘、不开裂。

（5）排出的下水应收集处理。

（6）如果有可开启的窗户，应设置可防蚊虫的纱窗。

（7）实验台应牢固，高低、大小适合工作需要且便于操作和清洁。台面应防水、耐腐蚀、耐热。

（8）实验室应安装空调设备，能够控制温、湿度。

（9）实验室内应保证适当亮度的工作照明，避免反光和强光。

（10）实验室应设有危险品存放专用区域，以及防火、防盗、防雷击和废物废水处理等设施。

（11）实验室应配备口罩、手套、工作服、帽子、鞋套等人员防护用品。

（12）实验室应定期消毒。

3. 设备要求

（1）病原学检测。微量移液器、冰箱、离心机（适合2mL离心管，转速可达12 000 r/min）、微型离心机（用于PCR管离心）、水浴锅、组织匀浆机、荧光PCR仪、生物安全柜、核酸提取仪（选配）、高压灭菌器、旋涡振荡器等。

（2）血清学检测。单道微量移液器、多道微量移液器、冰箱、恒温培养箱、离心机（可使用2mL离心管，转速可达3 000 r/min）、酶标仪、洗板机、高压灭菌器、微量振荡器等。

（3）耗材准备。唾液采集袋、样本保护液、免洗手消毒液、一次性医用橡胶手套、一次性医用PE手套、一次性鞋套、1mL移液器头、50μL移液器头、5mL离心管、2mL离心管、1mL离心管、单道微量移液器、多道微量移液器、冰箱、温箱、离心机（可使用2mL离心管，转速可达3 000 r/min）、酶标仪、洗板机、高压灭菌器、微量振荡器等。

4. 人员要求

（1）应设专职人员负责生物安全、消毒等日常监督管理工作。

（2）应有专职的检测技术人员。检测人员最好具有兽医、生物或者相关专业的学习背景或愿意学习相关知识。

（3）检测人员应接受过检测工作培训和生物安全培训，且考核合格后上岗。

（4）实验室人员应具备良好的职业操守、责任意识和生物安全防范意识，能够严格遵守实验室各项规章制度。

（5）企业应定期组织检测人员参加外部机构组织的相关技术培训。

5. 制度要求

实验室应建立实验室人员管理、生物安全管理、仪器设备管理、试剂管理、档案管理、样品采集及保存、检测操作规程、检测记录、卫生清洁、防核酸污染、废弃物及污染物处理等制度。

第四章

防控技术关键词

自2018年非洲猪瘟侵入我国以来，我国养猪业及相关行业都受到了巨大的伤害。经过两年多不断努力的防控，行业内总结出一系列行之有效的防控措施，这些措施中蕴含的技术、理论都有较高的实践价值。通过对这些技术进行总结，把一些关键内容总结凝练成若干关键词，从病原、清除方式、传播链条、健康管理等方面进行分类阐述，希望可以从疾病认识、防控手段、健康管理等方面为养猪行业的生产管理者提供参考。

一、非洲猪瘟病毒的清除

根据农业农村部《非洲猪瘟疫情应急实施方案（2020年第二版）》要求，任何单位和个人，发现生猪、野猪出现疑似非洲猪瘟症状或异常死亡等情况，应立即向所在地畜牧兽医主管部门、动物卫生监督机构或动物疫病预防控制机构报告。一旦发现异常情况，养殖场（户）一定要严格按照主管部门指导要求，依据实施方案进行妥善处理。

1. 定点清除（testing and removal）

之所以叫"定点清除"而不是讲"精准清除"，是因为对"点"的定义很重要。《非洲猪瘟疫情应急实施方案（2020年第二版）》中对"疫点"有科学详尽的定义。有些地区很早就提出和尝试"定点清除"技术，也就是行业内流传的所谓"拔牙"。要求不仅是把风险猪清掉，还要把受污染的环境清理干净。关键概念就是要把整个受污染的"点"清除，也叫检测清除法，强调的是猪和环境都要清理。

定点清除

2. 单元格（cell/compartmentization）

对于环境的管理，第一要做的就是做好单元格管理。猪场复产失败的原因之一就是没有做好单元格的界定和改造。比如说100头猪共用一个料槽或饮水槽的，只拔几头猪的话，"拔牙"肯定会失败。因为病毒是通过粪口传播的，一旦出现病毒，会通过共用的料槽迅速传播给所有猪。所以这种情况下，要把共用料槽的所有猪定为同一个单元格才行，而不能简单地认为同一个猪栏内才算一个单元格。

单元格改造十分重要，特别是在新建猪场的设计环节中，一定要强调这种概念。对于小型猪场来说，必须有实体墙，以前中空的铁栅栏结构已经不再适用了，有实体墙后管理者们才可能"睡个安

稳觉"。做好单元格之后，哪怕病毒真的进来了，它的传播速度也会减慢，猪场有充足的时间应对。如果没有单元格，它的传播速度就会由于料槽的间接接触、猪只之间的直接接触而迅速传播，"病来如山倒"的恐怖情形就会出现。所以一定要强调单元格的概念，甚至猪栏的门都要改成实体门。

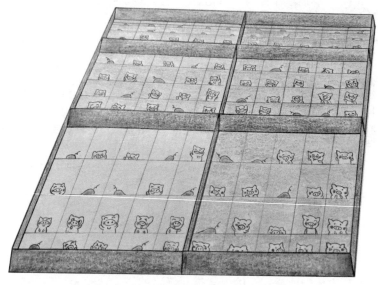

单元格设置

这种改造在一定程度上会影响通风，但与疫情风险相比，改变通风方式所花费的代价肯定更值得。猪场管理者一定要下定决心，用实体墙、实体门把猪舍封起来。非洲猪瘟病毒主要是通过直接或间接接触传播，所以它比猪蓝耳病病毒、伪狂犬病病毒容易控制得多。尤其是规模不大的猪场，更要做这种改造，因为规模不大的猪场周边的环境都比较恶劣，如果不做好的话，万一病毒进来，那么传播起来就会十分迅速。料槽要隔断、饮水槽隔断或用饮水碗、实体墙加上实体门，这些属于硬件单元格的改造。

此外还要注意"软件"单元格，也就是说日常的生产管理操作流程也要有单元格的概念。比如20个猪栏使用实体墙和实体门隔开成20个单元格，但如果员工从第一栏到最后一栏拿同一把铁锹铲粪，那么20个单元格实际上变成了一个单元格，因为员工的操作没有按照单元格的要求进行。软件、硬件要同时使用单元格概念管理。

扫把等常用工具要尽量减少共用，员工也不要随便窜到其他猪舍。曾经有发病的猪场报告，病症是以料线为单位出现的，往往发病时整条料线的猪同时发病。所以硬件、软件不做隔断肯定是容易出问题的，单元格的概念要深入每个员工的内心。做单元格的目的，就是为将来一旦发现病毒做定点清除准备的，没有做好单元格工作，定点清除是不可能成功的，这也是"拔牙"失败的主要原因之一。很多人以为把病猪拉出去就叫"拔牙"，其实不是这样，做好单元格管理才是成功"拔牙"的前提。

3. 无创采样（noninvasive sampling）

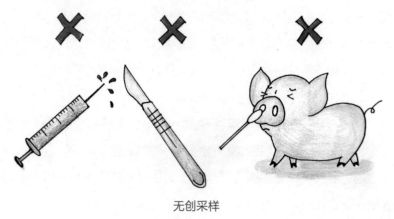

无创采样

无创采样已日益成为医学和兽医学的新宠。在非洲猪瘟防控中，无创采样也日益受到广大兽医工作者和养猪生产者的重视。为避免采样过程中的病原污染与传播，血液、淋巴结和侵入式拭子（如鼻拭子）采集被逐渐摒弃。

4. 唾液检测（saliva testing）

唾液可以检测指导后续操作，成功"拔牙"的另一个要素是做窗口期检测。在病毒载量非常小，还没有造成病毒血症及大面积病毒扩散的时候，就要进行检测，我们称之为窗口期检测。要注意的是，此时要检测唾液，而不是血液。例如到医院去体检时，肿瘤在早期很难被发现，但当肿瘤长到很大时就很容易查到，而此时已经到晚期了。血液的检测就存在这样的问题，病毒量很高时当然很容易查到，但那时猪已经很危险了。"拔牙"的关键就在于"早发现、早清除"，一定要利用唾液能够提前检出的特性。

5. 唾液采集（saliva collecting）

唾液采集需要注意，不能简单用棉签在猪的嘴边刮一刮，这样采集的病毒量太小，再加上后续的稀释，有时会导致检测出现假阴性，不利于及时发现病毒。在实际生产中，采集的唾液总体积应当在1mL以上，做核酸提取时要确保200μL以上的唾液。所以即使是用棉签采样，棉签的头部也要大一点，确保采集到足够的唾液量。

6. 样本保护（sample protection）

以前有很多专家发现唾液检测不准，认为唾液中检测不到病毒，血液检测才准。后来发现猪的唾液中含有大量的酶等活性成分，很容易使唾液中的病毒降解，而且在早期检测时唾液中的病毒含量往往也比较少。综合这些因素，就要求采到唾液样本后要立即送到实验室进行检测，否则就要在样本中添加保护液，保护核酸不被降解。

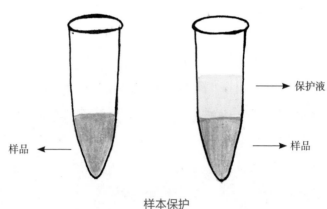

保护液

样品

样品

样本保护

7. 核酸纯化（NA purification）

　　唾液检测还有一个重要因素必须关注，就是核酸在提取步骤中得率、纯度不高的问题，这会影响到后续的扩增步骤。在提取过程中，目前柱提法和磁珠法比较成熟。在实际生产中，磁珠法由于可以大规模批量提取核酸，越来越受到行业的重视，猪场要注意选用合适的纯化试剂和方法。

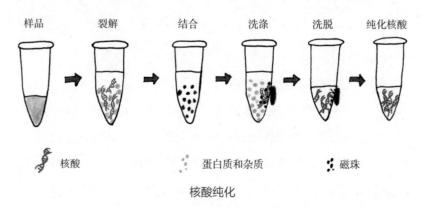

样品　　裂解　　结合　　洗涤　　洗脱　　纯化核酸

核酸　　　蛋白质和杂质　　磁珠

核酸纯化

8. 拒绝"混样"检测

为了节省成本，有些公司建议客户采用"混样"的方式来进行检测。根据实际效果来看，早期检测时不建议做混样检测。如果做窗口期检测，两份样本混在一起的漏检率是50%，三份样本混在一起的漏检率是67%，四份混检时漏检率可能是75%，五份样本混检时漏检率可高达80%。我们做"拔牙"或"定点清除"，即是希望单拷贝都能被检测到，所以在这种情况下，不建议混样检测。此外，假如两头猪混样检测，一头猪有病毒，另一头猪很健康，那么健康猪的唾液很可能会杀灭病猪唾液中的病毒，导致假阴性结果，从而影响生产判断。

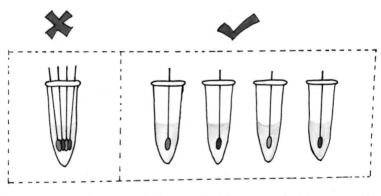

避免"混样"检测

9. "50循环，起跳即阳"

很多人不清楚检测结果阳性的判断标准。以荧光定量PCR为例，当检测曲线突破基线出现上扬时，可形象地称之为"起跳"，当"起跳"的时候，说明样本中检测到了病毒核酸，这时就应当认定检测结果为阳性。有些试剂盒说明书写着CT值35以下是阳性，

35～37是可疑，37以上是阴性，这种试剂盒仅仅适用于发病猪的诊断，所得的CT值用于拟合计算样本的病毒含量，这种试剂盒对于猪场的定点清除是不适用的。

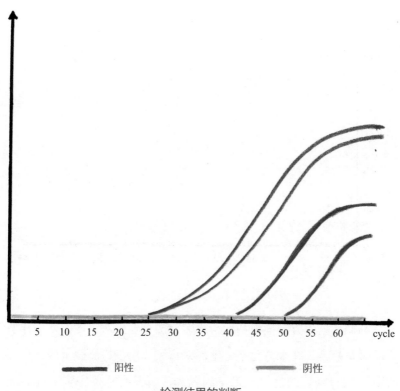

检测结果的判断

在早期检测中，只要发现病毒，就应当认定结果是阳性，就要进行"拔牙"，而不必纠结于病毒的含量，所以称之为"起跳即阳"。只要发现检测结果是阳性，就要把对应的猪清除，或者具备条件时严格隔离观察。所以在生产实际中要使用高敏感性试剂盒，检测曲线"起跳"就要立即处置。

另外，PCR的循环要设置到50或以上，才可以发现低样本中的微量病毒。有许多试剂盒由于原料质量、设计缺陷导致高循环时阴性样本、阴性对照出现CT值，这样的试剂盒是不合格的。

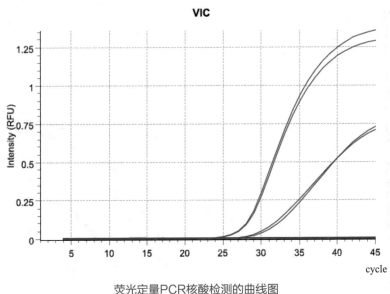

荧光定量PCR核酸检测的曲线图

高循环技术方案推出初期，很多检测企业反对，他们认为样本中的微量病毒，在采样时不一定能采得到，所以检测微量病毒没有必要。值得强调的是，"采得到"和"有没有"是完全不同的概念，极容易被混淆。"不一定能采得到"不代表没有病毒，对于高风险的病毒，一旦一次检出就应当认为样本中含有病毒，而不能因为难以检出就否认它的存在。

同时，不能因为自己的检测试剂盒检不出微量病毒就刻意误导养殖户。要认识到养殖企业的健康发展是行业一切业务正常开展的前提，而病毒对养殖企业的风险是毁灭性的，企业一定要真正地帮助养殖户，一定要指导养殖户选用科学、高效的检测试剂，真实的检测结果才能真正指导生产。

10. 带珠扩增（amplification with beads）

在提取核酸之后，我们发现存在核酸残留在提取介质表面没有完全洗脱的现象，比如残留在提取柱膜或磁珠表面。通过试验发现，使用质量较好的磁珠提取核酸时，可以将洗脱之后的磁珠与核酸一同加入扩增程序，这个过程称为"带珠扩增"。这样做可以充分利用吸附在磁珠上未洗脱的核酸，在目标核酸的浓度较低时，可以提高检测结果的准确度。

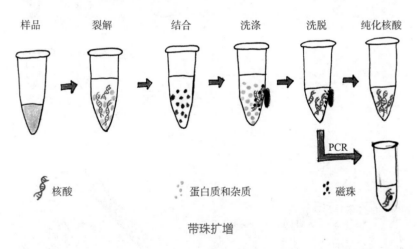

带珠扩增

11. 唾液抗体（antibody in saliva）

唾液的采样难度和风险低很多，现在也有很多试剂盒可以检测唾液抗体。猪场在购买种猪的时候，采了唾液之后，先检测核酸再检抗体，最好即两者皆阴性，表明既未感染病毒也无抗体。如果有抗体，说明这头猪被感染过。如果有核酸无抗体，说明猪处于感染前期；如果有核酸有抗体，说明处于感染中期；如果无

核酸有抗体，说明处于感染后期。"双阴"表示核酸与抗体检测结果皆为阴性。

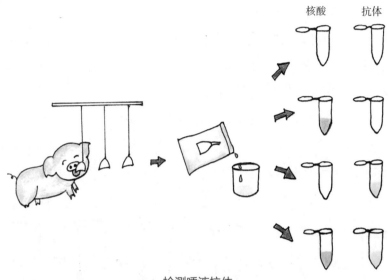

检测唾液抗体

12. "血光之灾"（blood disaster）

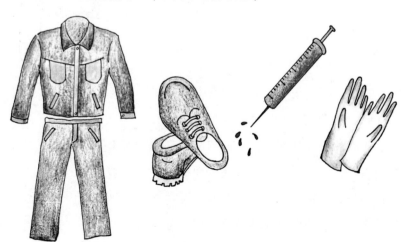

避免因采血造成病毒传播

检测采样时采血的风险非常高，采样人员的衣服、手套、鞋子、工具及喷射的猪血都可能造成病毒的传播，所以采血的过程可能成为高强度的病原传播过程，由此建议尽量不要采血检测，而要通过唾液检测来监测疾病。

13. "浓障"现象（concentration blocking）

在长期的检测工作中发现，提取病毒核酸过程中，实际提取的是宿主及相关环境中所有微生物的核酸，在浓缩条件下，多种核酸缠绕在一起，会降低目标病毒核酸的扩增效率，核酸浓度越高，这种不确定性的负面影响就越大，我们称之为"浓障"现象。

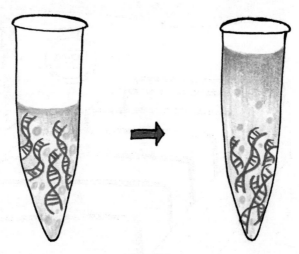

稀释样本

所以在以定性扩增为目的的提取过程中，不能一味提高初始样本浓度。甚至在组织样本的提取中，可能需要主动稀释，以降低"浓障"现象的影响。

二、病毒传播链条的切断方式

1. 热化技术（heating technology）

由于病毒怕高温、怕干燥，所以使用热化技术能够很好地阻断病毒的传播。

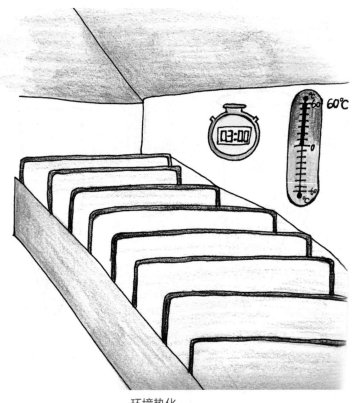

环境热化

（1）环境热化。要灭活猪舍环境中的病毒，可以把门窗关闭，将环境温度升高到60℃，维持3小时即可灭杀病毒。具体有几种方式：①火焰灼烧法，这种方法的缺点是效率不高，地面加热不均匀，而且要烧很长时间，还有火灾风险；②热风机法，通过这种方法加热后的空气可以均匀到达任何角落，适合封闭型猪舍；③热水处理法，对于可疑的环境，使用热水冲洗浸泡，效果也很好。操作得当时，当天热化，第二天就可以进猪。

（2）饲料热化。具体表现为饲料的高温制粒，很多养猪大企业在用这种方式；小型的养猪企业可以使用熟化机对粉料进行熟化；而使用泔水喂养的小户，一定要把泔水煮熟再喂。

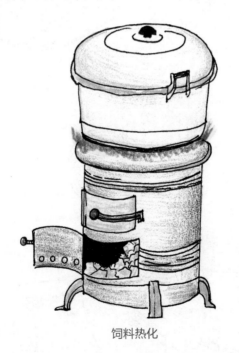

饲料热化

（3）样本热化。采好样本送检前，要防止病毒的扩散，就要对样本进行热化处理，将病毒灭活后再送到实验室检测。热化的条件建议是将样本加热到99℃保持18分钟，可以使用1.5mL或5mL的

样品管，装好样本后放到水浴或金属浴里处理。处理后的样本已经不具备感染能力，可实现常温长距离安全运输。

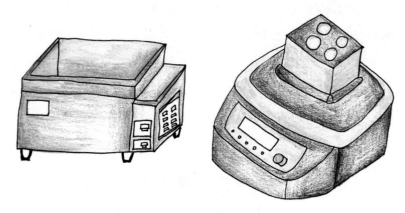

样品热化仪

2. 干燥技术（drying technology）

注意干燥

干燥对于疾病防控很重要，但很多养猪人不重视这一点。非洲猪瘟病毒两个软肋之一就是怕干燥，它很难在干燥环境中存活。所以有些猪场会把饲料买回来后先放一段时间再使用，这样安全系数会提高很多。但春天不行，因为南方的春天很潮湿。所以不建议猪场天天在猪栏冲水，猪舍里保持干燥很重要。很多干燥的地区疫情传播速度会慢很多，这与气候的干燥有关系。

3. 生物隔离（biosecurity）

生物隔离

苍蝇蚊子会传播病毒，养猪人需要采取防蚊网或其他装置将苍蝇蚊子隔离在猪舍之外。老鼠和鸟类也会传播病毒，小动物进猪场

不会"洗脚",也不消毒,因此它们是非常值得重视的潜在传播者。在整个生物隔离的控制过程中,最重要、最难的是对员工的管理。比如员工不严格遵守操作规程、私自外出等给猪场带来的风险往往是致命的。北方的疫情在入秋天气变凉之后可能会有一波高潮,因为天气变冷,员工进猪场前不洗澡、不换衣服,可能导致病毒被带进猪舍,这是生物隔离需要关注的典型关键环节。

4. 人猪分离

员工隔离的基本原则是人猪分离,人和猪要保持距离,不要直接接触。猪场工作人员也尽量不要与同行直接接触,因为对方的指甲里、皮肤上、衣服上都有潜在风险。这是防控非洲猪瘟时要遵守的第一准则。非洲猪瘟病毒的传播非常依赖于接触,只要做好了生物隔离,疫情传播的概率就会大大减小。

保持距离

人猪分离

5. 天罗地网

猪场应当用防虫网将门窗保护起来，防止昆虫与小动物进入。有些猪场投入较大，将整栋猪舍都保护起来，这样成本增大，但也会减少很多风险。

做好防护

6. 鞋底管理

对于病毒被带进猪场的途径，历来众说纷纭。头发、衣服这些都有可能，但最危险的还是员工的鞋底。鞋底的纹路中包含的泥土、粪便很难清理干净，也很难彻底消毒，对于病毒来说是最好的传播载体。

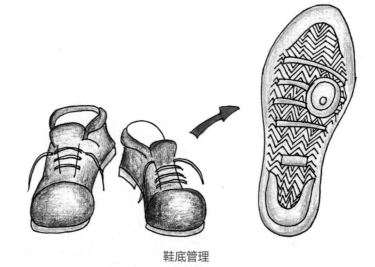

鞋底管理

7. 三色管理（tricolor management）

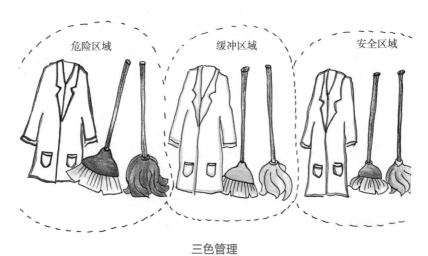

三色管理

　　管理猪场不仅要懂科学的防控原理，还要考虑员工的实操便利性。利用颜色来管理猪场的鞋子、工具是最简单有效的方法。比如在危险区域的衣服和工具使用红色标识，在缓冲区域使用黄色标识，在安全区域使用蓝色标识。一旦使用颜色管理法，管理者就很容易追踪员工的安全状态，是否遵守操作规程就一目了然，管理效率就高了很多。

8. 静默生产（silent production）

遇到大风、大雨和大雾等天气的时候，要暂停移群、卖猪或打疫苗等动猪的操作。因为雨天或大雾天气，病毒很容易随着水或雾气快速传播，所以要尽量减少对环境的惊扰。

静默生产

9. 疫苗减量（vaccine management）

在疫情威胁时，要尽量少用疫苗，以前可用可不用的疫苗，尽量不用。这样也是为了尽量减少人猪接触和交叉污染。

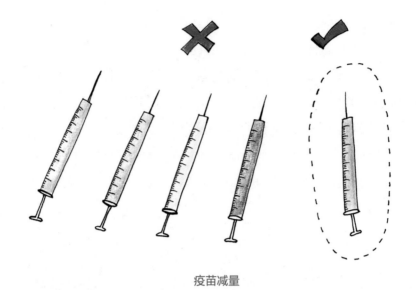

疫苗减量

三、警惕高科技的陷阱

1. "P" 技术（P technique）

有很多公司声称他们的产品包被了p12、p17、p22、p30、p54、p62、p72、CD2v、p205R等蛋白，从目前来看，没有证据证明这些产品有效，大家要谨慎选用。

2. 疫苗毒的检测（vaccine testing）

根据常规基因缺失疫苗的理论可知，一般原理是将野毒的某些基因片段敲除，理想状态下它会失去毒性，再将它接种到猪体内，让猪产生针对野毒的抗体，从而达到免疫的目的。

通过PCR检测结果鉴别非法基因缺失疫苗毒的技术原理是：如果未检出普通片段，说明猪未感染且未打疫苗，如果检出普通片段但未检出缺失片段，说明猪打了疫苗；如果同时检出普通片段和缺失片段，说明猪感染了野毒。

所谓高科技的陷阱，不是说高科技是陷阱，而是一些公司打着高科技的幌子，推出一些"包被蛋白"和所谓"疫苗"等碰瓷"高科技"的产品，这些产品游走在违法边缘，且实效与副作用不明，而许多养猪人没有能力鉴别，容易被误导，故在此提醒要"警惕"。

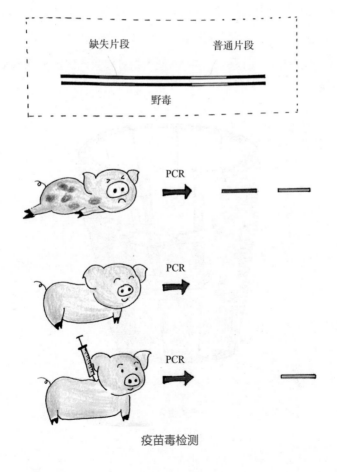

疫苗毒检测

四、猪群的健康管理与保护

控制传染病的第三个要素就是保护易感动物，就是要做好动物的健康管理工作。

1. 低蛋白日粮（low-protein diet）

盲目的低蛋白日粮会造成猪群的营养水平下降，降低猪群对疾病的抵抗能力。饲料原料组成复杂，从目前的研究来看，配方师并不能精确预测猪的所有营养要素需求，对各种原料在猪的体内代谢过程也做不到精确的全面评估，这时的低蛋白日粮只能保证某些氨基酸组分在猪的平均水平上的粗略平衡，并不能确保所有营养元素的平衡。

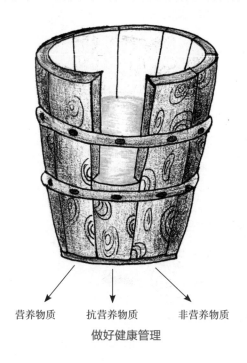

营养物质　　抗营养物质　　非营养物质

做好健康管理

这种理论上的简单平衡并不能完全反映饲料的营养价值，动物营养学著名专家卢德勋曾指出，日粮组合效应的实质是来自不同饲料的营养物质、非营养物质及抗营养物质之间相互作用的整体效应，并且根据利用率或采食量等指标分为"正组合效应""负组合效应"和"零组合效应"三种类型，而各种饲料原料之间的组合效应很难通过饲料配方软件来计算。在这种前提下，要判断配方软件算出来的"低蛋白日粮"是不是真的能够满足猪的营养需要，需要严格的动物试验，要考虑品种、环境、饲料原料等要素，这不是饲料公司通过短期的内部动物试验能够完成的工作。

所以"低蛋白日粮"是一个追逐理想的无尽过程，此时再考虑动物的个体差异，可知猪群中总会有相当数量的猪处于营养缺乏的状态，这些猪就很容易成为病毒入侵的突破口。

2. 营养冗余（abundant nutrition）

低蛋白

营养冗余

饲料配方师不应打着"低蛋白日粮"或"精准营养"的旗号竭

力削减饲料成本，然后在垃圾饲料的"矮子"群里选"将军"，而应当适当提高原料质量和饲料整体营养水平，实现适当营养"冗余"，尽量满足实际生产中猪群的营养需求。

3. 朊度（initial degree）

蛋白营养对猪群是一项关键营养指标，它们不仅可以提供小肽、含氮基团，还可以提供碳骨架和能量，对其含量评价不应当仅用粗蛋白指标一概而论。可对其中富含碱性氨基酸和芳香族氨基酸的可溶性蛋白进行显色反应评价，用"朊度"指标进行快速度量和评价，"朊度"数值越高，可认为能够快速利用的蛋白成分越多，对猪的营养价值越高。

朊度提升

猪只利用蛋白可合成抗体或功能蛋白提高自身抵抗力，可形象称呼可快速利用的蛋白为"抗性蛋白"，蛋白越容易被利用，可认为其中的"抗性蛋白"含量越高，它的"朊度"值也更高。对许多商品猪料进行检测发现：怀孕料的"朊度"值普遍非常低，有些甚至是0，而哺乳料的"朊度"值较高，很多达到30以上。往往"朊度"值较高的商品饲料价格也比较高，应用效果也更好。

　　对饲料原料的检测也发现"朊度"值越高的原料，其生产中应用效果也越好。具有代表性的饲料原料有鱼粉、血浆蛋白、乳清蛋白和奶粉等，它们都有确切的公认的高营养价值，虽然它们不仅仅是提供蛋白营养，但它们的高"朊度"值的共性也可以认为是一个重要的可量化的实用性标签。

　　4.　中药（traditional Chinese medicine）

　　中药的种类繁多，组合更是不计其数。对其抗病性的评价，行业内主流的应用思路是先做体外抗病毒（菌）实验，然后再做动物试验。对它们的评价比较复杂，我们鉴于目前的资料建议，对其应用型炮制或提取产品进行"朊度"评价，认为"朊度"值较高的产品能更好地提高动物的免疫力。

中草药

5. 发酵（fermentation）

对商品饲料和饲料原料进行浸泡测试发现，适当的发酵能够提高其"朊度"值。通过对市场上广泛应用的添加剂产品进行测试发现，应用效果较好的产品往往其"朊度"值都较高，而且往往是发酵产品效果较好，"朊度"值也更高。可能是因为发酵饲料的过程相当于饲料原料的体外预消化过程，其中的蛋白成分有所降解，导致其可溶性增加，理论上其生物利用度也会相应提高。所以如果想要提高"朊度"值，我们建议进行适当的发酵处理。但需要注意的是，发酵过头也会导致"朊度"值降低。

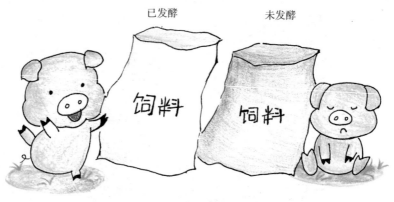

饲料发酵

6. 带毒生产（viremic production）

有些猪场怀疑自身猪场出现了无症状感染，猪场样本的核酸检测出现阳性，但实际上没有出现发病症状。在这种可疑状态下，为确保安全和不影响正常生产，一定要注重饲料营养，在保证猪群营养充足前提下，开展进一步慎重排查并立即向有关部门报告。

带毒生产

7. 净化生产（clean production）

要保证长久发展，净化病毒是猪场的努力目标。特别是在猪价下行之后，饲料成本将会再次被重视，而其中的营养成分含量肯定会随着价格下降而下降。届时猪群易感性可能会增加，所以病毒的净化就更会显得尤为重要。

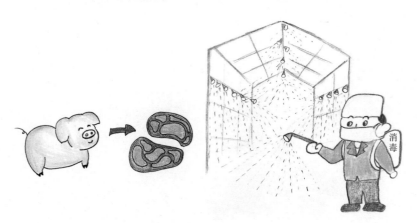

环境净化

上述的关键词、关键点覆盖了猪场生产中一些常见的有效操作，也涉及一些未公开的研究内容，所涉及技术的共同点具备很强

的可复制性，可以很快被生产一线使用。我们认为在当前养猪产业快速恢复的关键时期，生产管理者应当在严格遵守国家法律法规的前提下，根据自身条件主动采取措施，持续做好严格的疫情防控工作。同时要着眼未来，做好猪群营养和健康的中长期规划，为应对随后的市场风险和长久持续经营做好各项准备。在疫情的冲击下生存下来并得到发展的企业家们，应当能意识到未来当考验来临时，应对起来可能并不会比现在更轻松。"宜未雨而绸缪，毋临渴而掘井"，只有提前开始准备，才可能在未来取得半步先机。

第五章
病毒感染阶段关键词

　　在非洲猪瘟病毒的感染过程中，是否也存在免疫学反应呢？答案当然是肯定的。在非洲猪瘟的检测工作中，经常发现血液中存在抗体和核酸片段共存的情况，这些现象说明了什么问题呢，我们进行了长期的检测跟踪与原理分析。

　　据此，可以把非洲猪瘟的感染过程分为四个阶段。

　　第一阶段：唾液病毒症（Visalivia）。指猪口腔的唾液中出现非洲猪瘟病毒，此时已属于排毒阶段，值得高度重视。此阶段为窗口期检测的最佳时间，唾液学（Salivology）检测是控制非洲猪瘟蔓延和爆发流行的最佳手段之一（可惜的是，大部分的检测标准没有对此给予重视）。

唾液病毒症

　　第二阶段：血液病毒症（Viremia，国内很多文献译为"病毒血症"）。指血液中出现非洲猪瘟病毒，病毒开始刺激机体的免疫系统，此时已属于感染的中后期，失去了"检测—清除"的最佳时间。血液病毒症的持续时间往往较短，此时的病毒尚属于完整的病毒颗粒。

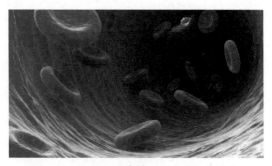

血液

第三阶段：免疫形成期（Immunization）。依赖于机体的健康程度，免疫形成期的时间差异很大。有些个体经过1～3天，免疫形成期结束，有些个体的免疫形成期长达3～4周，甚至更长。免疫形成期的特点是：核酸片段阳性，抗体阳性。"双阳"是免疫形成期的典型特征。此时的个体虽然表面健康，但是受到应激后，机体的状况会迅速恶化。

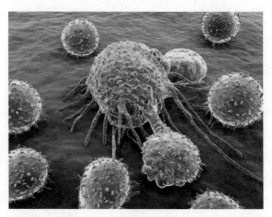

免疫形成

在免疫形成期检测核酸片段时，若CT值较高，容易出现"捞现象"（来源于英文Lottery，是一种小概率事件。在PCR反应中，

CT值较高，阳性结果的复检重现率极低，但并不能因此否定小概率的阳性结果），给管理者带来较多困惑。

免疫形成期的病毒在机体中被吞噬细胞破坏之后，其核酸片段碎裂，但有些片段（如P72、MGF、CD2V）并不立即从血液循环中消失，而是存在一段较长的时间，这些片段的完整性较差。如果这种片段刚好覆盖了上述的某一对引物，则核酸扩增成功，PCR结果阳性，这种阳性并不代表机体内存在完整病毒。此时的测序结果也不代表核酸序列的真实情况。很多论文推导指出我国存在较多基因缺失毒株的结论有待商榷。

总体来看，免疫形成期的转归有两个方向：一是转入免疫期，二是死亡。换句话说，所有的机体死亡均发生在免疫形成期。处于免疫形成期的机体对非洲猪瘟仅具有较弱的抵抗力。对于隐性非洲猪瘟和显性非洲猪瘟的比较来说，隐性非洲猪瘟的免疫形成期往往较长。

第四阶段：免疫期（Immunized）。此时核酸片段消失，抗体浓度进一步升高。免疫期的形成是机体的最终目标。处于免疫期的机体具有对非洲猪瘟的较强抵抗力。

隐性非洲猪瘟和显性非洲猪瘟的四个阶段比较见表5-1。

表5-1 隐性非洲猪瘟和显性非洲猪瘟的四个阶段比较

阶段	特征	隐性非洲猪瘟	显性非洲猪瘟
一	唾液病毒症	长	短
二	血液病毒症	长	短
三	免疫形成期	长	短
四	免疫期	短	长

参考文献

李亮，樊福好，2017. 测定种猪的品种对生长指标的影响简析
[J]. 养猪(2): 84-86.

APISIT KITTAWORNRAT, JOHN PRICKETT, WAYNE
CHITTICK, et al., 2010. Porcine reproductive and respiratory
syndrome virus (PRRSV) in serum and oral fluid samples from
individual boars: Will oral fluid replace serum for PRRSV
surveillance? [J]. Virus research, 154(1): 170-176.

FRANCESCA G. BELLAGAMBI, TOMMASO LOMONACO,
PIETRO SALVO, et al., 2019. Saliva sampling: Methods and
devices. An overview [J]. Trends in analytical chemistry,
124(6): 115.

GUTIÉRREZ A M, MARTÍNEZ-SUBIELA S, SOLER L, et
al., 2009. Use of saliva for haptoglobin and C-reactive prOIEin
quantifications in porcine respiratory and reproductive syndrome
affected pigs in field conditions [J]. Veterinary immunology and
immunopathology, 132(2~4): 218-223.

GUINAT CLAIRE, REIS ANA LUISA, NETHERTON
CHRISTOPHER L, et al., 2014. Dynamics of African swine
fever virus shedding and excretion in domestic pigs infected by
intramuscular inoculation and contact transmission [J]. Veterinary
research, 45(1): 93.

LINA MUR, CARMINA GALLARDO, ALEJANDRO SOLER, et al., 2013. POI Ential use of oral fluid samples for serological diagnosis of African swine fever [J]. Veterinary microbiology, 165(1~2): 135-139.

N.L. ROGERS, S.A. COLE, H.-C. LAN, et al., 2007. New saliva DNA collection method compared to buccal cell collection techniques for epidemiological studies [J]. American journal of human biology, 19(3): 319-326.

PANYASING YAOWALAK, THANAWONGNUWECH ROONGROJE, JI JU, et al., 2018. Detection of classical swine fever virus (CSFV) E2 and Erns antibody (IgG, IgA) in oral fluid specimens from inoculated (ALD strain) or vaccinated (LOM strain) pigs [J]. Veterinary microbiology, 224: 70-77.

ROGERS NIKKI L, COLE SHELLEY A, LAN HAO-CHANG, et al., 2007. New saliva DNA collection method compared to buccal cell collection techniques for epidemiological studies [J]. American journal of human biology: the official journal of the human biology council, 19(3): 319-326.

后　记

　　樊福好博士是农业农村部种猪质量监督检验测试中心（广州）的质量负责人，有着多年的种猪饲养、生产管理和疾病防控经验。作为行业知名专家，樊福好博士与一线大、中、小型养猪企业有着密切的接触，掌握着许多一线生产信息，是许多专家重要信息的"验证中心"。

　　本书是在樊福好博士主要观点基础上，整合一些企业生产管理中独特的防控措施，扩展编写而成的。本书的编辑过程中，遇到了不少资料整理、数据验证等方面的困难，所幸得到了许多专业人士的鼎力相助，使书稿得以顺利完成。

　　本书涉及的重要技术措施、原理引用了大量学者的研究成果，以参考文献的形式列于文后，供读者索引参考。

　　本书所涉及的插图主要来源于编者拍摄、绘画、政府及国际公益组织公开图片、私人供图及企业供图。插图仅用于说明相关的技术原理与生产实操方法，图中出现商品形象，纯属展示原理的效果需要，不代表编者对任何商品有推荐或反对之立场。